NEUROCIÊNCIA

10 MINUTOS *para entender* NEUROCIÊNCIA

2ª edição

astral cultural

Editora Natália Ortega
Produção editorial Andressa Ciniciato, Brendha Rodrigues e Thais Taldivo
Revisão João Rodrigues
Edição de arte e capa Tâmizi Ribeiro

Dados Internacionais de Catalogação na Publicação (CIP)
Angélica Ilacqua CRB-8/7057

C386

100 Minutos para entender a neurociência. - 2 ed -
— Bauru, SP. — 2. ed. — Bauru, SP : Astral Cultural, 2024.
128 p. (Coleção Mente em foco)

Bibliografia
ISBN 978-65-5566-519-2

1. Neurociências I. Série

24-1590 CDD 612.8

Índices para catálogo sistemático:
1. Neurociências

BAURU
Rua Joaquim Anacleto
Bueno 1-42
Jardim Contorno
CEP: 17047-281
Telefone: (14) 3879-3877

SÃO PAULO
Rua Augusta, 101
Sala. 1812, 18º andar
Consolação
CEP 01305-000
Telefone: (11) 3048-2900

E-mail: contato@astralcultural.com.br

SUMÁRIO

APRESENTAÇÃO

Para obter equilíbrio na vida, é importante cultivar uma mente e um corpo sãos. Afinal, como aponta a Organização Mundial da Saúde (OMS), a saúde deve ser definida como o estado de completo bem-estar físico, mental e social, e não somente como a ausência de invalidez.

Nesse sentido, da mesma forma que, para conquistar uma vida saudável, é recomendado realizar exercícios físicos frequentemente, adquirir informações sobre o funcionamento da mente humana também é um elemento-chave para desenvolver práticas adequadas no dia a dia.

Tendo isso em vista, preparamos a **Coleção Mente em Foco** com o intuito de reunir conceitos e metodologias de campos destinados ao estudo exclusivo do cérebro. Por meio da diversidade de visões de especialistas e cientistas ao longo da história, buscamos sugerir novas compreensões, além de incentivar uma relação mais saudável com o complexo órgão.

Neurociência. Uma área recente e, ao mesmo tempo, com raízes milenares. Afinal, desde a Grécia Antiga, o cérebro é motivo de curiosidade e estudos por parte dos médicos. E não é para menos, pois ele é o órgão que atua em todos os aspectos da vida humana: dos pensamentos às sensações e às ações, ditando o bom funcionamento (ou não) do corpo e da mente.

Mas a complexa estruturação do campo do saber interdisciplinar relacionado ao cérebro teve início apenas nos últimos séculos, com descobertas de estruturas do órgão, como os neurônios e seus papéis na condução dos estímulos nervosos. Também, o avanço da tecnologia na área médica contribuiu sobremaneira para um melhor mapeamento interno do corpo, promovendo avanços no tratamento de patologias relacionadas a desequilíbrios no sistema nervoso central.

Com o intuito de apresentar as bases atuais da neurociência, pontuar quais são suas teorias para explicar o funcionamento do cérebro, suas disfunções e o que tem de mais atual nessa área da saúde, preparamos este volume a fim de esclarecer as principais dúvidas relacionadas ao tema.

1

INTRODUÇÃO

Há milhares de anos, na civilização egípcia, datam relatos de que o ser humano já alimentava sua curiosidade sobre o funcionamento do cérebro humano. Em escavações, foram achados esqueletos com perfurações no crânio, além de serem encontrados papiros de 15 séculos a.C. descrevendo procedimentos intracranianos. Hoje, sabe-se que os egípcios já conseguiam relacionar funções motoras com o cérebro.

Tendo o conhecimento da caixa craniana em foco, a neurociência surgiu para estudar o sistema nervoso central e suas funcionalidades, além de estruturas, processos de desenvolvimento e alguma alteração que possa surgir no decorrer da vida, consistindo em uma análise minuciosa sobre o que manda e desmanda em nosso cotidiano. Além de esse ramo se preocupar com o estudo do cérebro e do sistema nervoso como um todo, complementa os estudos da psicologia sobre a mente. Não dá para afirmar exatamente quando se deu a origem da neurociência, mas fatos como esses revelam o quanto o ser humano tinha interesse em saber mais sobre o funcionamento cerebral.

Mente e cérebro

A neurologia tem como objeto de estudo o cérebro, órgão palpável que possui mecanismos ligados às emoções e à memória. Já a mente se refere a um fenômeno mais complexo e está associada ao pensamento, ao conhecimento e à expressão das ideias. Também pode ser definido como potencial intelectual da alma. Trata-se de uma atividade do cérebro que permite copiar informações e tirar conclusões. É responsável pelo raciocínio, entendimento, pela memória, emoção e imaginação.

É importante adiantar que a neurociência trabalha com três elementos principais: o cérebro, a medula espinhal e os nervos periféricos. O sistema nervoso (SN) é algo complexo a quem se destina a estudá-lo a fim de desenvolver pesquisas para algum conhecimento científico ou voluntário.

Sendo assim, propõe-se aqui uma divisão que vise à facilidade de assimilação da atividade dos diferentes profissionais e estudiosos. No entanto, a separação da neurociência não pode ser definida apenas pela que foi citada anteriormente, pois é necessário dividir os campos que especificam a complexidade do sistema nervoso.

Além do cérebro, importante órgão que comanda o corpo, a neurociência busca investigar o sistema nervoso central (SNC) e o periférico (SNP). O SNC é composto de encéfalo (estrutura central do SN) e medula espinhal, responsável por processar informações e gerar diversos comportamentos. Já o SNP forma uma grande rede de comunicação com tecidos do nosso corpo por meio de nervos, gânglios e terminações nervosas — que detectam estímulos e conduzem essas informações pelo corpo.

Por dentro do crânio

O sistema nervoso (SN) representa uma rede de comunicações do organismo. É formado por um conjunto de órgãos do corpo humano que possuem a função de captar as mensagens, estímulos do ambiente, "interpretá-las" e "arquivá-las". Consequentemente, ele elabora respostas, que podem ser dadas na forma de movimentos, sensações ou constatações.

O sistema nervoso está dividido em duas partes fundamentais: sistema nervoso central (SNC) e sistema nervoso periférico (SNP).

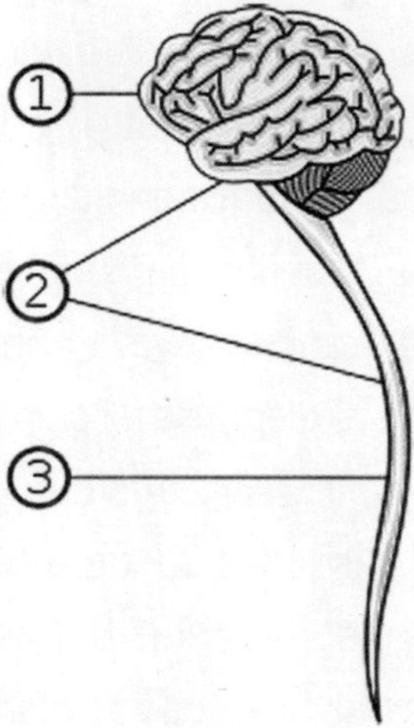

Sistema nervoso central (SNC)

É constituído pelo encéfalo e pela medula espinhal, ambos envolvidos e protegidos por três membranas denominadas *meninges*.

▸ Encéfalo: está localizado na caixa craniana e apresenta três órgãos principais: cérebro, cerebelo e tronco encefálico;

▸ Cérebro: é o órgão mais importante do sistema nervoso. E o mais volumoso, pois ocupa a maior parte do encéfalo. Está dividido em duas partes simétricas: o hemisfério direito e o hemisfério esquerdo. Assim, a camada mais externa e cheia de reentrâncias leva o nome de córtex cerebral — o qual é responsável pelo pensamento, tato, paladar, pela visão, audição, fala, escrita, entre outras habilidades. Ainda é sede dos atos conscientes e inconscientes da memória, além de controlar os movimentos voluntários do corpo;

▸ Cerebelo: está situado na parte posterior e inferior do cérebro e coordena os movimentos precisos do corpo, além de manter o equilíbrio. Também regula o tônus muscular, ou seja, controla o grau de contração dos músculos em repouso;

▶ Tronco encefálico: localizado na parte inferior do encéfalo, o tronco encefálico conduz os impulsos nervosos do cérebro para a medula espinhal e vice-versa. Além disso, produz os estímulos nervosos que controlam as atividades vitais como os movimentos respiratórios, os batimentos cardíacos e os reflexos, tal qual a tosse, o espirro e a deglutição;

▶ Medula espinhal: é um cordão de tecido nervoso situado dentro da coluna vertebral. Na parte superior, está conectada ao tronco encefálico. Sua função é conduzir os impulsos nervosos do restante do corpo para o cérebro e coordenar os atos involuntários (reflexos).

Sistema nervoso periférico (SNP)

O sistema nervoso periférico é formado por nervos que se originam no encéfalo e na medula espinhal. Sua função é conectar o sistema nervoso central ao restante do corpo. Vale destacar que existem dois tipos de nervo: os cranianos e os raquidianos:

- Nervos cranianos: distribuem-se em 12 pares que partem do encéfalo. Sua função é transmitir mensagens sensoriais ou motoras, especialmente para as áreas do corpo, como da cabeça e do pescoço.
- Nervos raquidianos: são formados por 31 pares de nervos que saem da medula espinhal. São compostos de neurônios sensoriais, que recebem estímulos do ambiente; e neurônios motores, que levam impulsos do sistema nervoso central para os músculos ou para as glândulas.

De acordo com sua forma de atuação, o sistema nervoso periférico pode ser dividido em sistema nervoso somático e sistema nervoso autônomo:

- Sistema nervoso somático: regula as ações voluntárias, ou seja, aquelas que estão sob o controle da nossa vontade, mexer a mão e caminhar, por exemplo, bem como regula a musculatura esquelética de todo o corpo.

▸ Sistema nervoso autônomo: atua de modo integrado com o sistema nervoso central e apresenta duas subdivisões: o sistema nervoso simpático, que estimula o funcionamento dos órgãos, e o sistema nervoso parassimpático, que inibe seu funcionamento.

De maneira geral, esses dois sistemas têm funções contrárias. Enquanto o sistema nervoso simpático dilata a pupila e aumenta a frequência cardíaca, o parassimpático, por sua vez, contrai a pupila e diminui os batimentos cardíacos.

Em suma, a função do sistema nervoso autônomo é regular as funções orgânicas, como as batidas do coração e a respiração, para que, assim, as condições internas do organismo se mantenham constantes.

Interdisciplinar

A neurociência já foi vista como um ramo da biologia, porém extrapolou esses limites e hoje é considerada uma ciência multidisciplinar, que se relaciona com áreas como educação, química, engenharia, antropologia, matemática, medicina e psicologia. As neurociências englobam cinco associações principais:

- Molecular: estuda a função das moléculas;
- Celular: investiga a formação e função das células no sistema nervoso;
- Sistêmica: analisa regiões do sistema nervoso, buscando compreender suas funções;
- Comportamental: ligada à psicologia, especialmente a cognitivo-comportamental, estuda comportamentos internos, como pensamentos e emoções, e os visíveis, como fala, gestos etc;
- Cognitiva: investiga habilidades e comportamentos mais complexos como memória,

concentração, atenção, tomada de decisões e aprendizagem, ou seja, a capacidade cognitiva das pessoas em um determinado momento.

Em desenvolvimento

O início da neurociência presenciou várias teorias sobre o funcionamento do cérebro. Duas das mais interessantes são as teorias da frenologia e do campo agregado. As abordagens do campo agregado supunham que, para a maior parte, o cérebro é um grande circuito neuronal único cujas capacidades são relacionadas, em sua maioria, a seu tamanho total. Essas teorias supunham que a estrutura interna do cérebro é de pouca importância para entender seu funcionamento.

No outro extremo, estão os frenologistas, que acreditavam que quase toda característica humana, incluindo atributos como cautela, coragem e esperança, está localizada em partes específicas do cérebro. Considerada um ramo recente do conhecimento, a neurociência contribui para as divulgações de estudos científicos tentando desvendar a complexidade do sistema nervoso e dos comportamentos humanos, utilizando conhecimentos de diversas disciplinas. Ou seja, é um campo de pesquisa de extrema complexidade, que está sempre em pauta e evolução. E, apesar de abranger muitas áreas do conhecimento, há um ponto comum entre todos os estudos: o cérebro se torna o foco.

As pesquisas da neurociência são contínuas e podem revelar alguma descoberta para pesquisadores que desenvolvem máquinas, equipamentos e, até mesmo, chips para auxiliar algum indivíduo que possua alguma limitação física. Há estudiosos que pesquisam as funções que o sistema nervoso representa para as atitudes mais básicas do ser humano, como fazer um simples movimento.

Em foco

Apesar de o cérebro ser o foco comum em todos os estudos da neurociência, existem mecanismos ligados a diferentes sensações e pensamentos, como os atrelados às emoções e à memória. Então, faz-se necessário que áreas especializadas, como a psiquiatria e a psicologia, se preocupem mais com a mente, e que o cérebro seja estudado, majoritariamente, por médicos dentro do ramo da neurologia, por exemplo os neurocientistas e neurocirurgiões.

É válido ressaltar, porém, a inconveniência de reduzir a neurociência à clínica e à anatomia patológica, como já se fez na história da medicina. Em consequência disso, perdemos de vista a possibilidade da construção de um conhecimento da saúde, considerando também as dificuldades de aplicação dos conceitos da patologia às variações genéticas e bioquímicas das espécies e natureza da psique e/ou comportamento. Assim esclarecido, temos duas estratégias básicas para abordar os problemas da mente-cérebro e/ou a principal aplicação prática da neurociência na clínica médica:

1. Estudo da função nervosa. Por exemplo, o coma; alterações da consciência e do sono; alterações dos órgãos dos sentidos; delírios; alterações do intelecto e da fala; distúrbios do comportamento, ansiedade e depressão; desmaios, tontura e estado convulsivo; distúrbios da marcha e postura; paralisias, distúrbios da sensibilidade e dor e espasmos.

2. Estudo etiológico das patologias do sistema nervoso. Ou seja, malformações congênitas e erros inatos do metabolismo; doenças do desenvolvimento, degenerativas e desmielinizantes; transtornos mentais e distúrbios do comportamento.

Estudos neurais

Estudiosos têm se dedicado a estudar cada vez mais o cérebro. Entre as áreas estão a psicologia e a filosofia. Para os psicólogos, não é consenso a existência de uma "mente" separada do corpo. Especialistas explicam que esse dualismo é uma questão que remete a discussões filosóficas na Grécia Antiga e, portanto, para a psicologia não seria diferente. Já os teóricos comportamentalistas colocam a ênfase no comportamento, abandonando as concepções mentalistas e retirando da "mente" seu papel de definidora. Assim, as funções mentais seriam sujeitas ao contexto em que o indivíduo está inserido. Cabe salientar os estudos do psicanalista Sigmund Freud. Neles, a existência de uma mente que dirige os seres humanos é considerada um sistema complexo e não totalmente acessível, que controlaria os indivíduos na relação entre consciente e inconsciente.

PARA FIXAR NA MEMÓRIA

- A neurociência trabalha com três elementos do organismo humano: o cérebro, a medula espinhal e os nervos periféricos;
- O sistema nervoso está dividido em duas partes fundamentais: sistema nervoso central (SNC) e sistema nervoso periférico (SNP);
- O sistema nervoso central é composto de: encéfalo, cérebro, cerebelo, tronco encefálico e medula espinhal;

- O sistema nervoso periférico é composto de: nervos cranianos, nervos raquidianos, sistema nervoso somático e sistema nervoso autônomo;
- As neurociências englobam cinco associações principais: neurociência molecular, neurociência celular, neurociência sistêmica, neurociência comportamental e neurociência cognitiva.

2

A MÁQUINA PERFEITA

Mudar o canal da televisão, movimentar os dedos dos pés, dar meia-volta e buscar o casaco que esqueceu em cima do sofá da sala, conversar com amigos... Parecem atividades simples, mas que só são possíveis porque seu cérebro está trabalhando incansavelmente, dia e noite. Esse órgão tem cerca de 100 bilhões de neurônios (células nervosas cerebrais) responsáveis por conduzir impulsos nervosos para nervos e células do corpo, ou seja, são eles que fazem a comunicação interna do organismo. Resumidamente, o cérebro é quem executa a estratégia de comunicação entre pensamentos, emoções e movimentos.

A comunicação realizada entre as células nervosas, chamadas de neurônios, acontece da seguinte forma: o impulso elétrico chega ao fim do axônio (ramificações que levam os estímulos elétricos até o próximo neurônio) e libera vesículas contendo neurotransmissores locais chamados sinapses, que, por sua vez, ligam-se na parede da membrana dos dendritos (prolongamentos dos neurônios que levam os estímulos ao centro do neurônio) e transformam em impulsos elétricos que correm até o neurônio.

Hemisférios direito e esquerdo

Imagine a cena: você está assistindo a um filme e se emociona com uma cena. Esse é o lado direito do seu cérebro em ação, já que foi ele quem coordenou os sentimentos que você teve ou imaginou. Além disso, é esse hemisfério que possibilita a você reconhecer rostos, padrões geométricos e o próprio espaço. Aqueles dias em que você está pensativo também têm influência do lado direito, uma vez que ele ajuda no processo de compressão e reflexão.

Provavelmente, você já passou por alguma situação em que teve de usar a lógica para resolver um problema, certo? Pois saiba que o lado esquerdo do cérebro é o responsável por isso, além de processar os fatos do dia a dia. Entre outras funções do hemisfério esquerdo estão reconhecer palavras e letras, além da compreensão de frases. E mais: o lado esquerdo é prático e percebe padrões existentes, baseando-se na realidade.

Curiosidades sobre o cérebro humano

Peso: 1,4kg, em média

Conexões neurais: cerca de 1.000 trilhões

Água: cerca de 78% de sua composição

Neurônios: cerca de 100 bilhões

Gordura: 10%, em média

Ele não faz...

- Apesar de você só sentir dor em alguma parte do seu corpo porque o cérebro permite, o órgão em si não é capaz de sentir dor.
- Uma pesquisa feita na Universidade Pierre et Marie Curie, na França, constatou que o cérebro não consegue realizar mais de duas tarefas ao mesmo tempo. Isso porque o córtex pré-frontal medial até consegue se dividir e enfoca duas atividades apenas. Quando existem mais coisas a fazer, gera uma confusão.
- O cérebro não consegue armazenar oxigênio. Contudo, o sangue faz isso por nós, já que ele é o responsável por manter o órgão oxigenado.

As funções dos neurônios

Apesar de finos, os neurônios são bastante longos, o que permite que as informações, sob a forma de impulsos eletroquímicos, sejam enviadas de forma rápida, não importando a distância entre as células. Portanto, se o cérebro detecta algo que representa perigo na região responsável pela visão, por exemplo, essa informação precisa ser rapidamente enviada para as zonas capazes de comandar os movimentos apropriados de defesa.

O processo de desenvolvimento dessas células se dá logo no início da vida. A neurogênese, que consiste na formação e no desenvolvimento das células e do próprio sistema nervoso, acontece durante a gestação e continua na infância, com o amadurecimento do sistema nervoso.

Mas, com base nessa informação, será que novos neurônios podem surgir quando somos adultos? Esse é um dos assuntos que mais instiga neurocientistas de todo o planeta. Nos últimos tempos, pesquisas apontaram que o desenvolvimento neuronal não ocorre apenas em nossa fase de crescimento.

Segundo alguns estudos, por exemplo, a neurogênese ocorre continuamente, em especial nas zonas subventricular e subgranular, partes do hipocampo do cérebro.

Além disso, muitas dessas novas células morrem depois de nascer, mas algumas se integram funcionalmente no tecido em volta do órgão. Para se acrescentar, um estudo publicado pela revista científica *Cell* teve grande destaque no mundo científico; nele, os pesquisadores apontaram que cerca de 700 novos neurônios se desenvolvem por dia na região do hipocampo, algo que abriu caminhos para analisar de que forma essa neurogênese contínua interfere em nossos processos cognitivos.

Divisão de tarefas

Basicamente, um neurônio é dividido em três regiões: corpo celular, axônio e dendritos. No corpo celular, localizam-se as organelas responsáveis pela sobrevivência do neurônio, como o núcleo (que contém o DNA), os ribossomos (ligados à síntese proteica) e a mitocôndria (relacionada à produção de energia). O axônio é um prolongamento único, coberto por uma fina camada de mielina (lipídio que colabora na condução dos impulsos nervosos) e que transmite a mensagem eletroquímica. Já os dendritos são as terminações, que podem sair do corpo celular ou do axônio, e que possuem uma função extremamente importante: a comunicação entre as células.

Muito se fala das conexões promovidas entre os neurônios, mas você é capaz de imaginar como se dá esse processo comunicacional? Trata-se de uma das mais interessantes questões ligadas a essas células. Isso porque os neurônios são filamentos com autonomia, que começam em uma região e terminam em outra — a zona de criação de movimentos rápidos de fuga. Porém, uma vez chegando lá, deparam-se com outros neurônios, justamente aqueles que comandam o corpo para iniciar a corrida. Eles precisam conectar-se entre si. E essa ligação ocorre de maneira química.

Um questionamento possível que pode surgir a partir dessa afirmação é: por que a opção por ligações químicas? Não seria muito mais fácil e rápido se os neurônios realizassem conexões diretas uns com os outros? A resposta é: não! Tudo porque, trabalhando dessa forma, o cérebro perderia duas de suas principais qualidades: agilidade e flexibilidade. Pode ser que os neurônios da visão precisem chegar até a área de elaboração das rotas de fuga, e que as células do equilíbrio, do planejamento e até as do olfato também precisem conectar-se à rota de fuga, sem que isso represente uma conexão permanente. Por isso, a ligação química é essencial para o exercício das atividades do órgão.

Para darem conta desse processo químico, as células neurais se especializaram, produzindo substâncias que são a chave dessas conexões, atuando como mensageiras. Essas substâncias são os neurotransmissores, que "saltam" do final de um neurônio para o começo do outro, fazendo com que a informação seja impulsionada. Eles são capazes de estabelecer múltiplas ligações, reunindo os neurônios necessários para cada momento. Esse fenômeno de processamento de impulsos é conhecido como *sinapse*. O axônio de uma célula se aproxima dos dendritos da outra, liberando os neurotransmissores — os quais se ligam aos receptores do outro neurônio e ocasionam excitações ou inibições.

Mitos e Verdades

- **Utilizamos apenas 10% da capacidade cerebral: MITO.** A teoria dos 10% já foi derrubada pela ciência. Atualmente, novos estudos, por via de ressonância magnética, mostram um resultado mais aprimorado sobre seu funcionamento. Uma ação simples, como abrir e fechar a mão, utiliza muito mais de uma 10ª parte do cérebro.
- **O cérebro cria falsas memórias: VERDADE.** Elas consistem em uma distorção na capacidade de armazenar conteúdos. Assim, o indivíduo "recupera" lembranças de eventos que, de fato, nunca foram vivenciados. Em tese, as memórias são inventadas sem a intenção de iludir alguém pois sua produção é

involuntária e inconsciente, uma espécie de "mentira honesta".

- **A meditação estimula as capacidades cerebrais: VERDADE.** Uma pesquisa realizada nos Estados Unidos identificou modificações na estrutura do cérebro de quem medita. Ao comparar as ressonâncias magnéticas de indivíduos que fizeram aula de meditação com as de outros que não fizeram, observou-se um aumento na concentração de massa cinzenta na região do hipocampo esquerdo e no córtex cingulado posterior.

PARA FIXAR NA MEMÓRIA

- O cérebro é quem comanda as principais funções do organismo humano, como pensamentos, emoções e movimentos;
- Ao todo, são mais de 100 bilhões de neurônios espalhados entre cérebro, medula e nervos;
- As principais funções dos neurônios são: levar o comando do cérebro aos órgãos, captar e transmitir estímulos do ambiente por meio dos órgãos dos sentidos;

- O neurônio é dividido em três regiões: corpo celular, axônio e dendritos. Na primeira, localizam-se as organelas que garantem a sobrevivência da célula, a segunda envia as mensagens eletroquímicas e a terceira é responsável pela comunicação entre os neurônios.

3

NEUROCIÊNCIA COGNITIVA

A neurociência busca entender as atividades cerebrais e como elas influenciam no comportamento humano. Dentro desse campo, existe a vertente cognitiva, que enfoca conceitos como memória e pensamento — consequentemente, trabalhará também com as funções do aprendizado. A neurociência cognitiva, desde o início, é uma área de conhecimento interdisciplinar. A partir da década de 1970, passou a ser possível estudar o cérebro em atividade, ou seja, em pessoas vivas (antes era apenas em autópsias). Ao tornar mais evidente a correlação entre as regiões cerebrais e as funções psicológicas e cognitivas, foi possível não apenas a ampliação do conhecimento de distúrbios neuropsicológicos e doenças neurodegenerativas, como também seus tratamentos.

Aprendizagem

Um dos principais objetivos da neurociência é entender como funciona o processo de aprendizagem, ou seja, quais as partes do cérebro que são ativadas quando o indivíduo tenta aprender uma nova língua ou quando é exposto a uma situação nova. Outro ponto abordado pelo estudo é a função dos sentimentos na aquisição de informação. Pesquisas demonstram que guardamos de maneira mais efetiva os conhecimentos que fazem sentido para nós, ou seja, aqueles que despertam uma questão afetiva — seja ela boa ou ruim.

O aprendizado é resultado de uma complexa ligação entre diferentes áreas do cérebro. Há anos, a neurociência vem tentando desvendar a totalidade dos mecanismos que compõem o sistema nervoso. Uma tarefa difícil, que ainda guarda muitos segredos. Contudo, os avanços são significativos e cada vez mais amplos. O conteúdo existente já permite, entre outras coisas, entender os caminhos do conhecimento e produzir técnicas que fortalecem uma das habilidades mais importantes que temos: a aprendizagem.

No que se refere à retenção de informações, essa vertente da neurociência busca, antes de tudo, entender a formação do aprendizado no cérebro. A partir disso, é possível criar condições favoráveis às funções cognitivas envolvidas na consolidação do conhecimento. O processo ocorre pela combinação de diferentes partes do sistema nervoso, pois não há somente uma área responsável por aprender. Conexões entre diversas regiões do cérebro são feitas, e áreas independentes trabalham juntas, com metas comuns.

O mecanismo se divide em etapas. A primeira delas é a existência do estímulo externo a ser captado por meio dos sentidos: visão, audição, tato etc. Após a sensação, os córtex visual e auditivo processam as imagens e os sons. Assim, criamos consciência das sensações em andamento.

Posteriormente, gravamos os dados com ajuda do hipocampo, estrutura capaz de transformar memórias de curto em longo prazo. Na parte emocional da memória, a amígdala desempenha um forte papel, contextualizando os dados.

A questão afetiva é essencial para o aprendizado. Aprender deve ser um processo dinâmico, criativo, deve gerar curiosidade, e, para isso, precisam ser utilizados também a emoção e os sentimentos. Por exemplo, todos se lembram dos professores de que gostavam e também daqueles de que não gostavam. Experiências marcantes na vida, que moveram as emoções, serão para sempre lembradas.

Ainda mais complexo

A aprendizagem, todavia, não se resume apenas a gravar o conteúdo, apesar da importância de consolidar as memórias. Ao memorizarmos algo, o sistema nervoso cria ou fortalece conexões neurais — que serão entendidas em um contexto de linguagem e símbolos.

Estudos mostraram que o cérebro é flexível: novas células podem ser geradas, e conexões, criadas desde os primórdios e pela vida afora são restabelecidas algumas regiões, em especial no hipocampo, principal área relacionada à memória e ao aprendizado. A simbolização do conteúdo assimilado permite que possamos relacionar o estímulo a um significado na linguagem: alto, rápido, feio, vazio, intenso etc. O córtex cerebral exerce atividade nessa etapa, e, conforme associamos a informação a um símbolo, ele nos permite, então, conceituá-la. Ou seja, organizar, especificar e abstrair o dado. Entender sua relação com outros símbolos permite a construção de aprendizados complexos.

Memorização

Memórias são bem mais do que uma maneira de sabermos o endereço de casa ou o que comemos no almoço. São parte da nossa personalidade e vão nos moldando conforme o tempo passa. Com a memorização, aprendemos sobre sobrevivência, o funcionamento do mundo, as diferentes disciplinas na escola e a buscar alternativas quando as tentativas para atingir determinado objetivo dão errado.

Existe também um conjunto de neurônios responsável por descartar memórias consideradas irrelevantes, e que trabalha, principalmente, durante a fase mais profunda do sono, quando estamos sonhando. É por isso que, geralmente, o conteúdo dos sonhos é logo esquecido. Ou seja, além de haver um processo para fixar as informações no cérebro, existe o trabalho de descartar o que não é mais necessário. Entenda quais regiões do órgão trabalham para isso:

▸ Córtex pré-frontal: em 1989, um artigo científico já havia relacionado essa região do cérebro à memória de trabalho, ou seja, àquela que permanece na cabeça apenas o tempo necessário para realizarmos uma ação (guardar uma lista de compras até ir ao mercado, um número de telefone até discá-lo etc.). Também é conhecida como memória de curto prazo.

▸ Hipocampo: para que uma lembrança seja transformada em uma memória de longo prazo, ou seja, para que uma informação considerada importante seja realmente armazenada por tempo indeterminado, uma área do cérebro chamada de hipocampo deve ser ativada. O córtex, portanto, recebe a informação, decide se ela deve ser guardada e a envia ao hipocampo.

▸ Amígdala: mais envolvida com a memória emocional, essa estrutura é ativada para interpretar um estímulo que chega ao cérebro. É ela quem identifica, por exemplo, o perigo, enviando mensagens ao corpo para que se prepare para a fuga ou luta. A amígdala funciona como um HD herdado dos nossos antepassados que já passaram por muitos perigos, sendo, portanto, capaz de identificar riscos mesmo que eles não tenham sido vivenciados anteriormente. Assim, acontecimentos que despertam emoções, sejam positivas ou negativas, tendem a ser gravados na memória de forma mais eficaz e, consequentemente, serão lembrados mais facilmente depois.

Concentração

Com a rotina atribulada que vivemos atualmente, às vezes é difícil se concentrar em algumas coisas. Seja naquela conversa com os amigos ou na leitura de um livro, por mais que você se esforce, quase sempre aquele som vindo da televisão ou as vozes de outras pessoas parecem mais interessantes do que o que se está fazendo. A partir disso, outras coisas vão chamando sua atenção, e você não consegue voltar ao foco principal. Se você chegou até aqui, faça aquela força e prossiga na leitura, ok?

Por trás de manter-se atento a algum objetivo, há vários processos mentais envolvidos quando falamos em concentração. A ativação de áreas do cérebro, como o córtex pré-frontal, os núcleos da base, o cerebelo, o córtex parietal e os circuitos associados têm papel fundamental nesse processo. Diversas pesquisas nesse campo apontam que, quando exigido, o cérebro ativa uma série de regiões, visando a um melhor desempenho de concentração em qualquer tipo de atividade. Além disso, certos neurotransmissores contribuem para o desenvolvimento dessa capacidade.

Melhor desempenho

Que a concentração é necessária para a execução de grande parte das atividades do dia a dia, quase todo mundo sabe. É dessa maneira que conseguimos nos dedicar exclusivamente ao que estamos fazendo. Manter-se concentrado é importante, pois permite o melhor desempenho em uma determinada situação. A concentração evita a dispersão e possibilita o foco. Com o cotidiano agitado de muitas pessoas, isso se torna cada vez mais fundamental, seja qual for a ocasião.

Na nossa sociedade, a cultura foi se constituindo de uma forma que todos têm obrigações.

Há uma demanda social por prazos a serem cumpridos. Isso não é exclusivo ao mercado de trabalho, pois, de certa forma, a pressão acaba refletindo na vida pessoal e social. Acontecem erros por leitura inadequada, anotação de páginas erradas para estudo ou tarefas, esquecimento de pagar contas e de reuniões profissionais ou pessoais, batida de carro por distração ou outros tipos de acidente ao não manipular determinado objeto com atenção.

Além de fatores externos, como barulhos e conversas, algumas doenças e transtornos interferem prejudicialmente na concentração. Transtorno de déficit de atenção e hiperatividade (TDAH), traumatismo cranioencefálico e encefalopatias são exemplos que podem causar essa disfunção. É possível citar mais situações que interferem no poder de concentração, como vícios, ansiedade, falta de sono, entre outras.

Duas funções

O ato de manter a atenção pode ser dividido em duas partes. O primeiro, mais ligado à concentração, é denominado atenção sustentada. Trata-se da capacidade de manter a atenção por um período prolongado, em geral, de uma forma consciente e voluntária. Há também outro tipo de atenção, que está, de certo modo, relacionado ao nosso instinto e aos nossos sentidos. Chamada de atenção momentânea ou espontânea, relaciona-se com a própria capacidade de reação ao ambiente. Isso é quase que um mecanismo de sobrevivência, porque, muitas vezes, essa reação tem a ver com você estar preparado para alguma coisa nova que surgir no seu campo de consciência. Essa percepção pode ser notada, por exemplo, quando você está andando na rua e um carro buzina ao seu lado; quase que inevitavelmente seu olhar se voltará ao veículo. Quem tem essa atenção espontânea muito aguçada tende a sentir mais prejuízo em seu poder de concentração, já que se dispersará constantemente.

Criatividade

Por que, para certas pessoas, é tão complicado encontrar alguma solução quando não há muito tempo? Ou, então, ter ideias inovadoras para desenvolver algo em que ninguém havia pensado anteriormente? É claro que diversos fatores externos também interferem nesse processo criativo, mas o treinamento cognitivo ao longo dos anos é fundamental para se sair melhor nesses momentos.

A habilidade criativa não é algo que surge da noite para o dia. Na verdade, utilizamos diversas informações existentes em nossa memória para conseguir produzir algo novo. A criatividade é fruto da absorção de conhecimento ao longo dos anos. Ela pode ser considerada como uma forma de imaginação, sendo que o cérebro só é capaz de imaginar aquilo que conhece, ou seja, aquilo com que já tenha tido contato de alguma forma.

Quanto mais experiências tivermos no decorrer da vida, seja em contato com pessoas, coisas, lugares ou qualquer outro estímulo sensorial, maior será nosso repertório disponível para a imaginação trabalhar a todo o vapor.

Além disso, a maneira como entramos em contato com esses estímulos também pode ser fundamental para absorvermos melhor as mensagens. A criatividade se desenvolve a partir do repertório de conhecimento que adquirimos em nossas vidas, mas muito mais pela forma que somos expostos na prática a situações difíceis, desafios e riscos diversos. É importante sair da zona de conforto, olhar o outro lado, perceber e antecipar tendências e perigos.

No mundo complexo em que vivemos atualmente, em que há mudanças instantâneas, quem consegue se adaptar mais rapidamente sai em vantagem.

No cérebro

Pesquisadores buscam decifrar quais áreas do cérebro estão ligadas à criatividade. Apesar de diversos resultados, o que se pode concluir é que esse processo se dá a partir da combinação de vários fatores. Uma das regiões cerebrais relacionadas à criatividade é o córtex (ou lobo) frontal, pois pessoas consideradas mais criativas geralmente possuem uma maior atividade nessa área. Outra característica do cérebro desses indivíduos é a capacidade de formar novas conexões e estabelecer ativação simultânea de áreas distintas do órgão, como o córtex visual, os lobos temporais e o sistema límbico, inclusive o hipocampo. Além disso, diversos neurotransmissores estão envolvidos, como a noradrenalina, a dopamina e a acetilcolina.

O sono também pode ter um papel fundamental para desenvolver a criatividade; na verdade, ele como um todo provoca o relaxamento, mas uma de suas fases merece um olhar mais atento. O sono dos sonhos, ou sono REM (do inglês, *Rapid Eye Movement*, ou Movimentação Rápida dos Olhos, em tradução livre), tem papel importante neste processo.

Nessa fase, que compõe a maior parte do tempo que dormimos, ocorrem os sonhos, e pessoas que sonham muito são mais criativas. Os pesquisadores deste campo acreditam que as alterações de neurotransmissores e da atividade de algumas estruturas cerebrais nessa fase do sono favorecem uma ativação diferenciada e uma reorganização individualizada de estruturas neocorticais (lobos temporais e frontais). Isso facilitaria, durante o repouso, processos cognitivos.

Inteligência

Está para existir um termo que divida mais as opiniões dos cientistas quanto à inteligência. E engana-se quem pensa que o debate é recente. Tudo porque esse conceito abraça um número de características bastante amplo — uma pessoa classificada como inteligente pode ser alguém estudioso, um indivíduo com opiniões firmes, outro que domina todas as etapas do processo de uma atividade, alguém que consegue assimilar uma quantidade enorme de informações... A lista não para, só comprovando a complexidade desse termo.

Partindo do princípio de que se trata de uma competência intelectual das pessoas, a inteligência está mais ou menos definida da seguinte maneira: é a capacidade de unir ideias com uma finalidade. A melhor definição para a inteligência, tanto na biologia quanto nas ciências ditas PSI, é a habilidade de compreender e resolver problemas e conflitos, e ainda de adaptar-se a novas situações.

Trata-se da descrição mais recorrente em dicionários e manuais, mas ela exige uma análise cuidadosa. Afinal, no que exatamente consiste essa "adaptação"? Quando trabalhamos com o significado de inteligência, dissemos anteriormente que ela une ideias com um fim. E tal finalização consiste em um problema que precisa ser resolvido, superado ou, pelo menos, desmontado. Logo, esse propósito poderia ser felicidade ou viver bem ou até conquistar o sucesso profissional, e cada um deles invoca diferentes conhecimentos ou habilidades.

Na prática, esse processo se dá a todo instante. A adaptação ao meio e às circunstâncias ocorre por meio do desempenho de funções que são condicionadas pelo ambiente e, principalmente, pela interpretação que o sujeito dá a elas, ressignificando as situações que vai vivenciando.

Influência de pai e mãe?

Outro ponto bastante discutido é o peso dos fatores genéticos na inteligência. Os especialistas apontam que não dá para negar que a natureza tem, sim, seu papel — mas não devemos achar que tudo se reduz a isso. Só ficam e se adaptam os que melhor reúnem condições para sobreviver, e aí está o papel da natureza como um todo.

Mas outras questões também têm peso na vida das pessoas consideradas inteligentes. São quatro movimentos essenciais para o seu desenvolvimento: genética; dedicação intensa; autodidática (aprender consigo sobre como se superar em determinada atividade, seja futebol, música ou relações pessoais) e algum professor/mentor.

Tomada de decisões

A tomada de decisões também está em ações simples, mas que podem envolver sua própria vida. Por exemplo, em uma estrada, um caminhão vem em sua direção; então, o que fazer: seguir no mesmo caminho, pensando que o motorista vai reconhecer que está na mão errada, ou sair da frente e desviar do veículo?

Enfim, fazer decisões pode ser um grande desafio para muitas pessoas. Contudo, esse processo é algo que realizamos com grande frequência e, às vezes, nem nos damos conta. Mas já parou para pensar no que há por trás de nossas tomadas de ações? O que pode ajudar e o que mais atrapalha? E quais são os caminhos para fazer escolhas melhores?

Para tentar descobrir o que está por trás de nossas escolhas e o que as influencia, os neurocientistas já andaram investigando nosso cérebro. Por exemplo, alguns estudos apontam que esses processos acontecem na área do lóbulo central, localizada acima dos olhos. Toda a área do neocórtex ainda participa do processo de decisão, o que implica uma complexidade de fatores.

Embora existam áreas mais utilizadas no cérebro, elas não são exclusivas, pois o processo do pensamento e do raciocínio envolve todas as partes do órgão. E, mesmo que o lóbulo frontal seja responsável por habilidades cognitivas complexas, o sistema límbico, responsável pelas emoções, também participa nos processos de decisão.

É possível destacar a atuação da amígdala, uma região do cérebro que faz parte do sistema límbico: ela está envolvida nos processos afetivos, que acaba por avaliar os ganhos e consequências das escolhas.

No futuro

Em momentos de dúvida, procure avaliar a relevância da consequência de uma decisão, ou seja, o quanto ela vai afetar significativamente sua vida e daqueles que os cercam, seja em curto, médio e longo prazo. Nossa dinâmica social favorece decisões de curto prazo, isto é, os impactos em nossas vidas de forma mais imediata. Um bom exemplo é a questão econômica associada ao consumo que, por sua vez, pode implicar um endividamento (com efeitos em médio e longo prazo). Se o indivíduo não possui uma poupança, pode enfrentar dificuldades se houver uma mudança estrutural na economia.

Ao pensar bem antes de agir, é possível averiguar quais serão as consequências de suas ações: inevitavelmente, o que determina uma decisão são seus desdobramentos; em outras palavras, podemos evitar um caminho tendo em vista os efeitos desagradáveis que poderão surgir ou tomar outro por conta de sentimentos opostos, como nossas expectativas.

Conheça mais

Um jovem que pensa em prestar vestibular deve se candidatar a um curso de graduação que vai afetar sua vida profissional no futuro. A escolha das diferentes possibilidades (curso) pode estar relacionada com a influência de modelos (exemplos familiares ou de amigos) que sinalizam algum grau de sucesso ou facilidade, como também a disponibilidade de acesso ao curso (localização, recursos financeiros etc.). No entanto, este jovem candidato pode nunca ter experimentado tal atividade. Sendo assim, a decisão é determinada por regras (valores) que sinalizam uma possível consequência que somente será confirmada posteriormente (em longo prazo). O que pode ajudá-lo neste momento tão delicado?

Uma das saídas para fazer a escolha mais acertada é procurar saber mais sobre o assunto. Se o candidato naturalmente já possui afinidade com alguma área, como engenharia, obter mais informações sobre os cursos que tem em mente pode facilitar na hora de optar pela área civil ou elétrica, por exemplo. A falta de conhecimento aprofundado sobre aquilo que está em questão pode interferir no processo de decisão. Isso por si só não seria um impeditivo, visto que podemos imprimir ações para obter os conhecimentos necessários.

E será que ter muitas alternativas dificulta ao fazer uma boa escolha? Ou, talvez, quanto menos possibilidades em vista, melhor? Depende do tipo de decisão. As decisões simples do tipo "se... então" tendem a ser mais fáceis, pois o indivíduo vai buscar suas regras gerais para decidir entre isso ou aquilo.

Porém, grande parte das decisões que precisamos tomar é complexa e não estruturada. Não há conhecimento de todas as informações, não somos capazes de mapear todas as alternativas e não conhecemos todas as possibilidades de consequências. No entanto, contraditoriamente, é possível dizer que, quanto maior o número de informações, melhor, pois o haverá mais dados para processar. Isso pode facilitar o processo decisório e tornar o resultado da decisão mais eficaz.

Entre razões e emoções

Levando em conta o poder de análise e pensando pelo aspecto puramente racional, quanto mais opções, melhor. Porém, na prática, temos a possibilidade de cometer um número maior de enganos. Isso acontece não pela quantidade de alternativas disponíveis, mas pelos aspectos emocionais que cada escolha representa ou não.

Se a pessoa estiver em uma estrada e vier um caminhão em sua direção, o raciocínio naquele momento é que o caminhão está errado, mas a opção é sair da frente e se desviar do inevitável. Talvez, o continuar em frente, já que o motorista está no sentido certo, seria uma opção correta, mas não a mais inteligente.

A diferença entre o correto e o inteligente está na inteligência emocional, que faz entendermos que não vamos ter chances com o caminhão. Na nossa vida, no cotidiano, é a mesma coisa. Nem sempre vamos falar o que pensamos para alguém que amamos, pois pode representar uma ruptura do relacionamento. A opção mais racional, mais lógica, poderia ser dizer o que está pensando, mas como o sistema límbico e a inteligência emocional acabam atuando, temos um filtro que nos limita nessa decisão e acabamos não falando tudo o tempo todo. Agora, quando estamos nervosos e a adrenalina é liberada com mais velocidade, a tendência é ofender quem amamos, o que neste momento não será a resposta ideal.

Questão de intuição

Para aquele momento em que está muito difícil optar por uma alternativa ou outra, que tal dar ouvidos à nossa voz interior? Há situações em que seguir a intuição pode parecer uma escolha obscura, mas não menos acertada. O termo *intuição* remete a um tipo de comportamento que indica algo parcialmente desconhecido, como correr o "risco".

Mesmo sem termos um alto grau de certeza sobre os desdobramentos da nossa decisão, acreditamos em uma possibilidade de ocorrer algo favorável. Nestes casos, a intuição é produto de algumas indicações no ambiente, que não são suficientemente claras para o indivíduo, mas que guardam alguma relação com suas experiências passadas.

Ir pela intuição é "seguir os sinais" que vêm das experiências que temos sobre determinadas situações. É importante lembrar que a intuição passa pelo sistema límbico e, portanto, é relacionada às emoções sobre determinada situação. Lembra-se daquele amigo que já o prejudicou em alguma situação? Meses depois, ele lhe faz um convite para abrir um negócio. Sua "intuição" diz que não será positivo participar, mas, neste caso, quem está ajudando a decidir não é a intuição, e sim as experiências que você teve com aquela pessoa.

Conheça e confie em si mesmo

Dois termos que normalmente estão associados a uma tomada de decisão são autoconfiança e autoconhecimento. Mais do que a quantidade de opções disponíveis para uma decisão, estes comportamentos podem ser determinantes para uma boa escolha. No caso da autoconfiança, podemos usar como exemplo pessoas que, ao tomarem uma ação, produzem um desdobramento adequado. Um alpinista seleciona o local de escalada e passa a subir a montanha até atingir o topo. Quem não pratica essa atividade julgaria arriscado, a ponto de não aceitar um convite para uma escalada. Já o alpinista subiria a montanha por conta de toda uma história de preparação e pela própria experiência na atividade.

Para ilustrar o exemplo de autoconhecimento, também usamos o caso de quem não pratica montanhismo e recusa o convite de subir uma montanha. Essa pessoa toma uma decisão por conta do seu autoconhecimento, considerando sua capacidade e os riscos relacionados à sua ação.

PARA FIXAR NA MEMÓRIA

- A neurociência cognitiva é uma vertente do estudo do sistema nervoso que visa entender como as atividades do cérebro influenciam no comportamento;
- Esta ciência também se dedica a processos importantes para o desenvolvimento intelectual, como atenção, concentração e aprendizagem;
- As emoções possuem grande importância no processo de aprendizado, pois alteram a qualidade com que a informação será memorizada;

- A neurociência cognitiva é considerada um estudo interdisciplinar, pois agrega conhecimentos da medicina, da psicologia e da pedagogia.

4

SENTIDOS E EMOÇÕES

Devido à complexidade do cérebro humano, neurocientistas descobrem novas funções e habilidades do órgão todos os anos. Durante a formação do conhecimento, os sentidos (visão, audição, tato, olfato e paladar) são de grande importância, além de auxiliarem na construção de uma percepção do mundo. Ao termos contato com um objeto, o conceito que criamos dele é mais rico e cheio de informações quando áreas cerebrais envolvidas com as sensações são ativadas, estimulando o cérebro a funcionar com maior amplitude. Além disso, quanto mais sentidos forem usados ao mesmo tempo, mais facilmente a informação atingirá o centro emocional do cérebro, tornando-se espontaneamente parte de nossos conhecimentos, lembranças e memórias.

Processando estímulos

O processo de recebimento e processamento dos estímulos emitidos pelos cinco sentidos e recebidos pelo cérebro é complexo e envolve a ação de diversas regiões do órgão. Todas as estimulações vindas do ambiente são transformadas em impulsos elétricos, que são conduzidos até o sistema nervoso central pelos nervos aferentes.

Assim que chega ao local, a informação passa por filtragens que dependem de vários fatores, como intensidade, nível de atenção, estado emocional e interação com outros estímulos. Somente depois desse processamento é que as várias informações recebidas podem ou não vir a se tornarem conscientes.

E quem realiza essa coleta de informações recebidas do meio ambiente pelos sentidos e encaminha para o cérebro são os neurônios. Cada um deles desempenha uma função única e muito importante para o organismo, confira:

- **Neurônios sensoriais:** recebem os estímulos sensoriais externos e encaminham o impulso até o sistema nervoso central — como quando diferenciamos quente e frio.
- **Neurônios motores:** cuidam dos estímulos motores, aplicados em atividades práticas, como comer e digitar.
- **Neurônios associativos:** fazem a ponte entre os dois tipos de neurônio anteriores.

Assim que recebidos, os estímulos são encaminhados ao cérebro, órgão que vai realizar o processamento dessas informações. A seguir, explicamos como se dá esse processo, e a ação de cada um dos sentidos:

- **Olfato:** a utilização do olfato é tão comum para o ser humano que raramente paramos para pensar no processo complexo que envolve a recepção do cheiro pelo nariz até o cérebro entendê-lo como um estímulo relacionado a esse sentido. Na porção mais alta do nariz, estão localizados os sensores olfativos, células com fibras que, unidas, formam o nervo olfatório. Por sua vez, o nervo é responsável por levar as informações obtidas para algumas áreas específicas do cérebro, que interpretarão os dados e transmitirão para outras partes do órgão.
- **Paladar:** a língua possui cerca de oito mil papilas gustativas. Cada uma delas conta com cinco sensores diferentes, responsáveis por reconhecer distintos sabores: doce, salgado, amargo, ácido e umami. Ou seja, assim que o alimento é ingerido pela boca, seu sabor é identificado pelas células sensoriais, que

encaminham a mensagem ao cérebro para que você possa sentir o sabor de sua refeição.

▸ **Visão:** para enxergar, é preciso que seus olhos captem a luz, que a informação adentre na retina, siga para o hipotálamo e em seguida vá para o gânglio cervical-superior — tudo isso gera a informação sobre o que está sendo visto. O sistema é tão complexo que, às vezes, um simples "defeito" pode provocar alterações no conjunto inteiro.

▸ **Audição:** quando um indivíduo ouve algo, o som entra pelo ouvido externo e percorre o caminho através do tímpano por meio de vibrações até o ouvido interno, um ambiente líquido até a cóclea — onde as células receptoras se encontram. Com isso, o som transforma-se em sinais elétricos que seguem ao córtex auditivo pelos nervos e são armazenados em diversas regiões do cérebro. Por exemplo, as canções ativam e exercitam várias áreas do órgão encefálico: corpo caloso (que liga os dois hemisférios), córtex sensorial (responsável por processar informações vindas dos cinco sentidos), córtex pré-frontal (que toma as decisões comportamentais) e, principalmente, o hipocampo (região ligada à memória).

- **Tato:** o caminho que permite a percepção de um estímulo começa no momento em que a pele entra em contato com algo. Os receptores sensoriais (nociceptores) se ativam, avisando o sistema nervoso central sobre a ação, o que gera um estímulo que caminha pelos nervos até a medula, onde é modulada. Depois, sobe até estruturas cerebrais subcorticais, como o tálamo, núcleos da base, sistema límbico, entre outras. Ao se projetar para o córtex sensitivo, os estímulos são discriminados, ou seja, possibilitam que saibamos exatamente o ponto em que ocorreu o contato.

Mecanismos da dor

De todas as sensações que a fisiologia humana é capaz de produzir, a dor se destaca pelo desagrado inconfundível. As reações para ela são imediatas: movimentos bruscos, gritos e xingamentos. Mal temos tempo de pensar na providência tomada pelo organismo. O mecanismo exerce um papel que, ao custo de um intenso incômodo, protegeu a integridade física dos animais por milhões de anos. O caminho que permite a percepção da dor começa no momento em que o funcionamento e a integridade do corpo são afetados. Em casos de lesão na pele e estímulos nocivos ao desempenho do organismo, os receptores sensoriais se ativam, avisando o sistema nervoso central sobre a ocorrência de dano. Alertar o organismo do perigo a que estamos submetidos é uma ferramenta que impulsionava nossos ancestrais a buscar a preservação do próprio corpo.

Emoções

A relação do cérebro com as emoções pode ser entendida pela forma como as informações que chegam ao órgão é analisada. Da emoção, surgem os comportamentos reativos, e ela é constituída de dois elementos que se manifestam a partir do processamento mental das informações: o sentimento e o significado atribuído ao evento.

O cérebro está dividido em uma parte mais externa — o córtex cerebral —, sendo este o lado mais racional. E uma parte mais interna, em que fica localizado o sistema límbico, que é a parte emocional do ser humano. Este sistema é responsável por regular todos os processos emocionais do ser humano. Intimamente ligados a essa função, estão os processos motivacionais, como a necessidade de beber, comer, fazer sexo. O corpo amigdaloide está ligado às emoções, sendo que as emoções básicas são a raiva, o medo, a tristeza e a alegria, e delas derivam as outras emoções. Destas quatro, a alegria aciona áreas distintas do cérebro, e as outras três seguem o mesmo processo entre elas. O que as diferencia são as reações que provocam logo no início do processo, na fase estímulo, percepção e resposta sensorial. Nas primeiras fases do processamento das informações que chegam ao cérebro, elas são classificadas como um possível agente agressor ou acolhedor. Se forem consideradas como perigo, mecanismos do estado de alerta serão acionados assim que percebido pelo indivíduo como desconforto. Se, por outro lado, for considerado como seguro, será acionado o centro de recompensa que traz a sensação de bem-estar.

Inteligência emocional

Os sentimentos fazem parte do ser humano e das relações sociais no dia a dia. Por isso, compreendê-los torna-se essencial para entender melhor a si mesmo e melhorar a convivência em sociedade. Foi apenas na década de 1990 que o tema inteligência emocional foi definido pelos autores Peter Salovey e John Mayer, consolidando o assunto. O conceito basicamente traduz a capacidade de um indivíduo reconhecer e gerir os próprios sentimentos para, assim, interagir mais facilmente com as reações dos outros e lidar com as demandas e adversidades diárias.

Existem quatro subdivisões que ajudam a entender e desenvolver a inteligência emocional, e passar por elas em etapas significa ter um bom controle das relações intra e interpessoais. São as categorias: autoconsciência, controle emocional, empatia e gestão de relacionamentos. Em outras palavras, é necessário saber reconhecer as emoções e perceber quando elas vão surgir; em seguida, é preciso compreender como ter melhor controle sobre suas reações. Além disso, a inteligência emocional não se restringe ao âmbito individual, uma vez que a empatia é a capacidade de percepção dos sentimentos do outro.

Como se avaliar?

Durante muito tempo, o Quociente Intelectual (QI), que mede o raciocínio lógico e cognitivo, foi o indicativo de uma sabedoria superior, fazendo com que as pessoas pensassem que o indivíduo com maior índice teria mais êxito na vida. Contudo, os novos conhecimentos sobre intelecto mostram que o Quociente Emocional (QE) é que determina as conquistas pessoais e coletivas de uma pessoa. Esse índice mede capacidades como autoconhecimento e autogerenciamento das emoções, resiliência, capacidade de reconhecer reações em outras pessoas, considerá-las e respeitá-las, favorecendo relações e convívio com os demais.

PARA FIXAR NA MEMÓRIA

- Todos os estímulos do ambiente são transformados em impulsos elétricos, que são conduzidos até o sistema nervoso central;
- Existem três tipos de neurônio: os sensoriais, os motores e os associativos. Cada um deles desempenha uma função específica na recepção de informações e no processamento de estímulos;
- Os cinco sentidos — olfato, tato, paladar, audição e visão — são as prin-

cipais formas de contato que temos com o mundo exterior, sendo responsáveis pela forma como interpretamos o ambiente;

- Os mecanismos de dor são uma forma de proteção, ajudando o ser humano em sua sobrevivência desde os primórdios da evolução;
- O Quociente Emocional (QE) é tão importante quanto o Quociente Intelectual (QI). Por isso, é imprescindível desenvolver as capacidades de gerenciamento das emoções.

5

ATUAÇÃO EM PATOLOGIAS

Quando se fala em doenças orgânicas, como diabetes e hipertensão, há exames clínicos que podem fazer um diagnóstico preciso e, ainda, medir sua intensidade. Mas, quando se fala em distúrbios mentais, não existem "obviedades": é necessário encontrar medidas que auxiliem a compreender a complexidade da mente.

Se olharmos para trás, nas últimas décadas houve muitos avanços na área no que diz respeito ao conhecimento da saúde mental. Os transtornos mentais afetam cerca de 1 bilhão de pessoas no mundo, e pessoas com condições graves de saúde mental morrem em média entre

10 e 20 anos mais cedo do que a população em geral, conforme levantamento feito pela OMS, aos poucos vão sendo desvendadas.

O papel da neurociência — em conjunto com outras áreas da ciência focadas no estudo da mente, como a psicologia e a psiquiatria — na medicina, é identificar as partes do cérebro que são afetadas pelos distúrbios, destacando quais estruturas estão comprometidas e se existe algum desequilíbrio na produção ou no processamento dos neurotransmissores.

Partindo desses pontos, é possível chegar a diagnósticos de maior precisão, além de aprimorar e também desenvolver tratamentos mais efetivos. A seguir, confira alguns dos transtornos e patologias que mais afetam a vida da população mundial e prejudicam diretamente o bem-estar cerebral além do que a neurociência já descobriu a respeito delas.

Esquizofrenia

Trata-se de uma doença que afeta aspectos mentais, como o juízo crítico, as emoções e a percepção da realidade, atingindo cerca de 23 milhões de pessoas no mundo, segundo dados da OMS. Entenda como a neurociência descobriu e estuda até os dias atuais esse transtorno mental.

A história do distúrbio começa no fim do século XIX, quando o psiquiatra alemão Emir Kraeplin estabeleceu uma classificação dos transtornos mentais. Nesse estudo, deu-se o nome de demência precoce a uma condição que causava alucinações. Foi observado que esses pacientes costumavam adoecer no início da vida, e as causas não estavam relacionadas ao ambiente em que eles viviam. Mas foi o psiquiatra suíço Eugen Bleuler quem criou o termo esquizofrenia. *Esquizo* significa divisão, enquanto *phrenia* representa a mente. Isso porque, para o estudioso, existia uma ruptura no pensamento das pessoas afetadas.

Sentidos confusos

Os sintomas da esquizofrenia são divididos em positivos — alucinações e delírios — e negativos — em que a dificuldade de se expressar e o isolamento social são mais comuns. Contudo, os traços mais conhecidos da esquizofrenia são as alucinações, que podem ser visuais, auditivas ou de sensações (ver, ouvir e sentir coisas, de certo modo, bem incomuns). Por exemplo, escutar vozes de pessoas que já faleceram, enxergar gente que os outros não veem e notar cheiros diferentes. Normalmente, essas fugas da realidade são associadas à audição. No entanto, mesmo que mais raras, podem estar ligadas aos outros sentidos (visão, olfato, paladar e tato). E, por vezes, mesclando-os, criam-se experiências sinestésicas, como "enxergar sons". Mesmo que essa mistura de sensações seja relativamente atípica, podem ocorrer, especialmente em pacientes que tenham uma marcante desorganização do pensamento e confusão mental.

A esquizofrenia, oficialmente, tem diferentes avaliações. Na Classificação Internacional de Doenças (CID-10), último manual da OMS, o distúrbio é dividido em paranoide (predominância dos sintomas positivos) e hebefrênica (sintomas negativos). Porém, na mais recente versão do Manual Diagnóstico e Estatístico dos Transtornos Mentais (DSM-5), outro guia para profissionais da área da saúde, esta subdivisão foi retirada.

Transtorno jovem

A esquizofrenia costuma atingir homens e mulheres igualmente. Da mesma forma, a doença está presente de maneira homogênea entre todas as etnias. Geralmente, os primeiros sintomas aparecem entre o fim da adolescência e a idade adulta, sendo que os homens costumam ter a primeira crise antes das mulheres. Desenvolve-se com mais frequência em adultos, sendo mais recorrente em torno dos 18 aos 35 anos.

No entanto, pode haver casos na infância, sendo mais graves e de pior prognóstico, uma vez que a própria noção de identidade pessoal é atingida em seus primórdios, levando a um prejuízo mais importante do funcionamento global. Se forem realizados diagnósticos semelhantes em pessoas mais velhas, devem ser consideradas outras hipóteses de distúrbios.

Em geral, os esquizofrênicos têm toda a massa encefálica afetada, provocando o mau funcionamento dos neurônios, diminuindo sua atividade e, consequentemente, a comunicação cerebral. No cérebro, as mudanças causadas pela esquizofrenia não possuem áreas bem definidas. Fala-se, na verdade, de alterações entre as conexões de algumas partes do cérebro, cada uma com diferentes funções. Por exemplo, o aumento de dopamina em ligações das regiões centrais do órgão com o córtex pré-frontal pode provocar alucinações. E a redução desse neurotransmissor em conexões das áreas ligadas ao prazer e às emoções é responsável pela dificuldade de expressão de sentimentos e da falta de satisfação.

Por meio da neurociência, é possível entender quais são as partes do cérebro que estão envolvidas no desenvolvimento da patologia. Por exemplo, estudos indicam que, além da dopamina, o glutamato tem sua função diminuída, e há participação da serotonina e da acetilcolina – neurotransmissores que interferem na liberação dos demais. Assim que são identificados os pontos cerebrais de desequilíbrio, os tratamentos empregados em casos de esquizofrenia podem ser desenvolvidos e aprimorados. A maioria dos medicamentos utilizados nas intervenções, assim como em outras doenças psiquiátricas caracterizadas por sintomas psicóticos, bloqueia receptores específicos da dopamina, em uma tentativa de reequilibrar os circuitos hiperativos.

Alzheimer

Uma das maiores preocupações da saúde pública mundial diz respeito à doença de Alzheimer, um distúrbio neurodegenerativo que aflige principalmente idosos em um planeta cuja população está envelhecendo e vivendo cada vez mais. Periodicamente, estudos apresentam possibilidades promissoras no processo de cura de um transtorno que nem sequer sabemos exatamente por que aparece.

O Alzheimer, cujo sintoma mais conhecido é a perda de memória gradual, afeta cerca de

50 milhões de pessoas no mundo e por volta de 1,2 milhão no Brasil, segundo o Ministério da Saúde. Entre os principais sinais estão a perda de funções cognitivas, como a memória, orientação, atenção e linguagem. A patologia costuma surgir em pacientes acima de 65 anos, podendo se manifestar precocemente em casos raros. Geneticamente, há indícios de que a doença apareça mais em mulheres do que homens e que existe certa hereditariedade envolvida — em cerca de 10% dos casos. A doença corresponde a 60% dos casos gerais de demência e costuma apresentar como sintomas iniciais perda de memórias episódicas e dificuldade de aquisição de novas habilidades.

O Alzheimer é causado pela degeneração dos neurônios devido à acumulação de uma proteína chamada beta-amiloide, sendo que a razão de se formar essa substância ainda segue desconhecida. Trata-se da causa mais frequente de demência — que é o termo utilizado para classificar enfermidades neurodegenerativas de várias causas e tipos, mas que têm um ponto em comum: a degradação das funções cerebrais. Considerado uma doença progressiva, o Alzheimer afeta o cérebro destruindo suas células, o que leva a mudanças no comportamento e alterações em outras funções cognitivas.

O que diz a neurociência?

Entre as pesquisas mais recentes está a realizada na Universidade de Southampton, na Inglaterra, e publicada na revista científica *Brain*. Seu foco foram as micróglias, células presentes no sistema de defesa do cérebro, que funcionam como um "pac-man" com megafone, pois, além de ingerir moléculas estranhas ao organismo, sinalizam, chamando outras células de defesa para proteger o tecido cerebral e a medula espinhal.

A questão é que o estudo, realizado em ratos, utilizou um medicamento que bloqueava o receptor CSF1R — que produz novas micróglias no cérebro. O resultado? A queda dessas células imunológicas resultou também na diminuição dos problemas de memória nos roedores, transtornos comuns a quem enfrenta a doença. Além disso, o mais relevante é que o bloqueio do CSF1R apenas reduziu o excesso de micróglia, mas manteve um funcionamento normal de sua função imune.

A observação do resultado final empolgou os responsáveis pelo estudo, que agora desejam encontrar possibilidades de verificar se isso pode funcionar em humanos também.

Mas, mesmo que pesquisas como essa despertem expectativas e interesse, os especialistas frisam que a luta contra o Alzheimer ainda é bastante complexa e sua causa segue desconhecida.

Transtorno bipolar

Acordar animado e, ao longo do dia, perder o entusiasmo ou ficar chateado. Ao contrário do que muitas pessoas podem pensar, isso não é, necessariamente, um sinal de bipolaridade. Contradizendo a crença popular na qual o paciente bipolar apresenta alterações rápidas de humor, o transtorno pode ser explicado como uma patologia em que o paciente possui alterações extremas de humor durando períodos longos.

Trata-se, então, de um distúrbio em que o indivíduo varia de um estado maníaco ou então hipomaníaco a um estado depressivo. O primeiro caracteriza-se por uma euforia que gera comportamentos exagerados, sendo até mesmo perigoso em alguns casos, e o segundo é visto como uma forma mais branda da mania. A duração dessas circunstâncias, dependendo do paciente e tipo do transtorno, pode ser de dias ou, até mesmo, anos.

Análise

Cientistas da Universidade da Califórnia do Sul, nos Estados Unidos, realizaram a maior análise cerebral que se tem até hoje em relação aos pacientes acometidos pelo distúrbio. Os pesquisadores reuniram informações do mundo inteiro e realizaram varreduras cerebrais para mapear o cérebro bipolar. Com a ajuda de aparelhos de ressonância eletromagnética, foram analisados cerca de 6.500 cérebros de voluntários, nos quais, aproximadamente, 2.445 possuíam o transtorno.

A análise detectou redução de massa cinzenta na região frontal, responsável, entre outras funções, pelo controle da inibição, e na região temporal, que controla a motivação. Apesar de nem todos os pacientes seguirem esse padrão, a média dos pacientes com o distúrbio tendem a possuir anormalidade estrutural nas regiões frontais do cérebro envolvidas no autocontrole. Isso explicaria, portanto, alguns dos sintomas maníacos da doença.

Alterações no sistema límbico, conhecido como o centro das emoções cerebrais, também foram detectadas. Percebeu-se uma redução do tecido cerebral nessa região ligada a sentimentos, como tristeza e impotência, informação que também fora percebida durante um estudo realizado pelos pesquisadores sobre depressão.

Apesar de ainda não existir total conhecimento sobre o que ocorre do ponto de vista neurocientífico, acredita-se que alguns neurônios produzem quantidades "erradas" de neurotransmissores, como o glutamato, a dopamina e a serotonina, que estimulam ou inibem o funcionamento de determinadas áreas cerebrais. A diminuição de dopamina e serotonina pode proporcionar sintomas depressivos ao paciente, por exemplo. Já o aumento de outros neurotransmissores — o glutamato, a dopamina e a noradrenalina — em uma área conhecida como substância reticular ativadora ascendente proporciona aumento da energia e diminuição do sono. A partir desses fatos apontados pela ciência, a medicina pôde desenvolver medicamentos com o objetivo de equilibrar a produção de neurotransmissores em pessoas bipolares.

Depressão

Classificada como um transtorno mental na quinta e mais recente edição do DSM, um dos principais guias para profissionais da área da saúde mental, a depressão abrange diferentes fatores em seu desenvolvimento, como aspectos biológicos, ambientais e sociais. Pode estar acompanhada de alterações somáticas (sintomas psicológicos que refletem em sinais físicos) e cognitivas, que afetam significativamente a capacidade de funcionamento físico, cognitivo e emocional do indivíduo. Os traços da doença têm origem no cérebro, uma vez que está ligada a um desequilíbrio químico no órgão, acarretando uma baixa quantidade dos neurotransmissores serotonina e noradrenalina, substâncias ligadas à regulação do humor, estresse e ansiedade.

Na depressão, ocorre uma desregulação na quantidade ou na qualidade de alguns neurotransmissores excitatórios. Isso atrapalha o funcionamento de vários neurônios em determinadas regiões cerebrais, causando os sintomas de tristeza, apatia, alterações de sono, apetite, entre outras. As substâncias que têm maior importância no desenvolvimento da depressão são aquelas sintetizadas nos neurônios do sistema límbico e da região frontal do encéfalo, com destaque para a serotonina, grande responsável pelas reações de estresse e pelo controle do humor, e principal alvo dos medicamentos antidepressivos que atuam na regulação do órgão.

Além desse neurotransmissor, alterações em neurônios produtores de noradrenalina, dopamina e glutamato também são responsáveis por quadros de depressão.

Regiões afetadas

Do ponto de vista da neurociência, pode-se desencadear um quadro depressivo a partir do momento em que duas estruturas cerebrais não trabalham em harmonia. Uma é a amígdala, que permanece excessivamente ativa, e a outra, o córtex pré-frontal, que trabalha abaixo do esperado. Essas duas estruturas mantêm estreito funcionamento e, além disso, regulam outras áreas cerebrais responsáveis por motivação, apetite, sexualidade e comportamento social.

Não há como apontar uma única estrutura "culpada" em relação aos transtornos depressivos no cérebro, uma vez que o distúrbio é fruto da ação conjunta de várias alterações no órgão.

No entanto, a neurociência já é capaz de indicar as áreas mais afetadas pelo mal. Dentre elas, o sistema límbico, responsável pelas emoções, formado por estruturas como o hipocampo, a amígdala, o tálamo e o giro do cíngulo. Outras estruturas frequentemente acometidas são os lobos frontais e os núcleos da base. Isso pode indicar o aparecimento mais comum da depressão em indivíduos que já passaram por alguma doença neurológica, como o acidente vascular cerebral (AVC).

Além disso, vítimas de derrame no cérebro têm maior risco de, no futuro, desenvolverem depressão, por conta da perda de neurônios nas regiões cerebrais citadas. Mas não confunda:

é importante ressaltar que ter depressão não significa que a pessoa esteja tendo um AVC.

Ansiedade

Para compreender a definição de ansiedade e a importância dela no cotidiano, é interessante imaginar como seria a vida sem esse sentimento – desde situações mais inocentes, como aquele frio na barriga, que deixa um momento inédito mais especial, àquelas que despertam sua atenção para um perigo, como fugir de um cachorro bravo correndo pela rua. Ou seja, é um recurso nato do ser humano que acaba impulsionando as pessoas a progredirem dia após dia; sem isso, elas ficam presas no mesmo lugar, desmotivadas.

As reações ansiosas, envolvendo hormônios e neurotransmissores ("mensageiros dos neurônios") no cérebro e no resto do corpo, despertam comportamentos que já estão pré-programados em cada pessoa, mas que precisam desse pequeno empurrão para serem ativados. É uma vivência do universo do medo direcionada ao futuro, com variados tons de expectativa, angústia e agitação. Isso resulta em manifestações físicas, psíquicas e comportamentais variadas, tais como inquietação, uma sensação ruim de que algo desagradável está prestes a acontecer, um aperto no peito, entre outras.

Essa reação tem a capacidade de prejudicar tanto fisiologicamente quanto psicologicamente, evoluindo para um transtorno de ansiedade generalizada (TAG), ou outros derivados dos mesmos sintomas (síndrome do pânico, fobias, distúrbios compulsivos etc). Muitas vezes, a pessoa foge sem saber do que está com medo e, assim, entra no campo da ansiedade patológica.

Se parar para observar as rotinas de pessoas próximas a você, perceberá que esse tipo de distúrbio não é chamado de "o mal do século" sem motivos. As cobranças sociais constantes somadas às expectativas individuais, responsabilidades e sensação de despreparo para lidar com situações, além das distorções de angústias inconscientes, são alguns geradores dos quadros ansiosos patológicos. Por fim, é importante ressaltar a dimensão desse tipo de transtorno e não o julgar como um nervosismo qualquer e passageiro, uma vez que pode gerar crises, as quais, gradualmente, causam diversos prejuízos na vida do paciente. Nesses casos, os critérios diagnósticos para transtornos ansiosos podem ser preenchidos, e um psicólogo e um médico psiquiatra deverão ser consultados.

Por dentro da mente ansiosa

A relação entre a ansiedade e o cérebro humano ocorre, metaforicamente, da mesma forma que o álcool e o fogo, representados respectivamente pela adrenalina (neurotransmissor que estimula as reações do corpo ao estresse) e o organismo. Essa adrenalina circulante precisa ser queimada, o que causa ações diferentes em cada parte do corpo: provoca tontura, boca seca, taquicardia, dificuldade de respirar, tremores, inquietação física, frio na barriga, visão turva, arrepios, sensação de queda e muitas outras. Além da adrenalina, a disfunção dos neurotransmissores serotonina (que regula o sono e humor) e dopamina (proporciona sensações de recompensa) também é uma característica marcante dos quadros de ansiedade patológica.

O sistema límbico, que compreende a amígdala e o hipocampo, é o grande responsável por disparar, diante de situações de perigo, o alerta no organismo. O processo pode ser dividido em três partes:

1) Quando o cérebro enxerga uma situação como perigosa, entra em atividade a amígdala cerebelosa, que faz parte do "cérebro primitivo", assim apelidado justamente por se encarregar de nossos instintos focados primeiramente na sobrevivência da espécie;

2) Em seguida, o hipocampo ventral é acionado, juntamente com a área medial do córtex pré-frontal. Nessa hora, ocorre uma avaliação do real grau de ameaça oferecido pela situação. Inclusive, as emoções que serão sentidas a partir dali dependem desse julgamento;

3) De acordo com essa interpretação, vem a resposta de outras áreas, como a aceleração dos batimentos cardíacos e a tensão muscular – primordialmente, preparando o corpo para uma fuga em disparada ou o combate com o inimigo.

PARA FIXAR NA MEMÓRIA

- A neurociência trabalha em conjunto com outras áreas, como a psicologia e a psiquiatria;
- A partir da descoberta das áreas cerebrais afetadas ou do desequilíbrio de substâncias, é possível desenvolver tratamentos efetivos;
- Apesar de não existir um diagnóstico preciso sobre a origem da esquizofrenia, sabe-se que o aumento ou a redução de dopamina pode provocar alucinações, comprometer as sensações de prazer;

- A doença de Alzheimer é causada pela degeneração dos neurônios devido à acumulação de beta-amiloide, sendo que a razão de se formar essa substância ainda segue desconhecida;
- No transtorno bipolar, acredita-se que alguns neurônios produzem quantidades "erradas" de neurotransmissores, que estimulam ou inibem o funcionamento de determinadas áreas cerebrais;
- No cérebro depressivo, existe um problema na quantidade e qualidade de alguns neurotransmissores excitatórios;
- O sistema límbico é o grande responsável por disparar alertas ansiosos ao organismo. Quando desregulado, esse sistema pode causar prejuízos ao bem-estar do indivíduo.

ESPECIALISTAS

Adriano Scaff, neurologista;

Alfredo Simonetti, psiquiatra;

Aristides Brito, pós-graduado em neuropsicologia;

Bayard Galvão, psicólogo clínico, hipnoterapeuta e presidente do Instituto Milton H. Erickson;

Bia Sant'Anna, psicóloga, especialista em neuropsicologia pela FMUSP e especialista e proficiente em Terapia Cognitivo-Comportamental (TCC);

Brian Bellandi da Cunha e Silva, psiquiatra;

Carlos Esteves, psicólogo;

Carolina Welger, psicóloga;

Cleverson de Macedo Garcia, neurologista;

Cristiane Gueda Casa, psicóloga;

Cristiane Martin, psicanalista;

David Martins de Almeida Maldonado, musicoterapeuta e especialista em neuropediatria;

Edson Shiguemi Hirata, médico psiquiatra;

Erasmo Casella, doutor em neurologia;

Fábio Roesler, psicólogo e neuropsicólogo;
Fabio Sawada Shiba, neurologista;
Gilberto Katayama, médico clínico geral e especialista em medicina do trabalho;
Glaucia Guerra Benute, coordenadora do curso de psicologia do Centro Universitário São Camilo;
Helena Mura, psiquiatra;
Irimar de Paula Posso, presidente da Sociedade Brasileira para o Estudo da Dor (SBED);
Isidoro Cobra, psiquiatra;
Jean Sigel, co-fundador da Escola de Criatividade;
João Marcelo Furlan, especialista em liderança;
Koshiro Nishikuni, neurocirurgião;
Márcia Capobiango, psicóloga;
Marcia Mathias, psicóloga, sexóloga, psicopedagoga, hipnoterapeuta clínica;
Mario Louzã, médico, psicanalista e psiquiatra;
Martin Portner, neurologista;
Mauro Gertner, psicanalista clínico e biólogo;

Paulo Lazarini, otorrinolaringologista;
Reinaldo Renzi, psicólogo clínico;
Renata Meira Coelho, professora de psicologia;
Ricardo Borges Machado, neurocientista;
Ricardo Krause, neurologista;
Roberto Debski, médico e psicólogo;
Rodrigo Pessanha, psiquiatra;
Semadar Marques, educadora;
Sônia Brucki, neurologista;
Sônia Cunha, pedagoga;
Sônia Grácia Pucci Medina, psicanalista clínica;
Vanessa Muller, neurologista e diretora médica da VTM neurodiagnóstico;
Thais de Souza, mestre em psiquiatria, psicologia médica e especialista em neuropsicologia.

SITES

Biblioteca Virtual em Saúde. Conhecer a demência, conhecer o Alzheimer: o poder do conhecimento

— Setembro, Mês Mundial do Alzheimer. Ministério da Saúde. Disponível em: https://bvsms.saude.gov.br/conhecer-a-demencia-conhecer-o-alzheimer--o-poder-do-conhecimento-setembro-mes-mundial-do-alzheimer/.

Biblioteca Virtual em Saúde. OMS divulga Informe Mundial de Saúde Mental: transformar a saúde mental para todos. Ministério da Saúde. Disponível em: https://bvsms.saude.gov.br/oms-divulga-informe-mundial-de-saude-mental-transformar-a-saude-mental-para-todos/.

Dia Mundial da Pessoa com Esquizofrenia: saiba mais sobre a doença mental. Associação Brasileira de Psiquiatria, 24 de maio de 2022. Disponível em: https://www.abp.org.br/post/dia-mundial-da-pessoa-com-esquizofrenia-saiba-mais-sobre-a-doenca-mental.

Segunda edição (junho/2024) Primeira reimpressão
Papel de miolo Lux cream 70g
Tipografia Acumin Pro, Cheddar Gothic Sans e Visby
Gráfica Melting